Emile OKONGO LOKOLONGA

CONDIÇÕES DE TRABALHO E SATISFAÇÃO DOS PACIENTES EM SANKURU

Emile OKONGO LOKOLONGA

CONDIÇÕES DE TRABALHO E SATISFAÇÃO DOS PACIENTES EM SANKURU

Imprint

Any brand names and product names mentioned in this book are subject to trademark, brand or patent protection and are trademarks or registered trademarks of their respective holders. The use of brand names, product names, common names, trade names, product descriptions etc. even without a particular marking in this work is in no way to be construed to mean that such names may be regarded as unrestricted in respect of trademark and brand protection legislation and could thus be used by anyone.

Cover image: www.ingimage.com

This book is a translation from the original published under ISBN 978-620-3-41838-5.

Publisher:
Sciencia Scripts
is a trademark of
Dodo Books Indian Ocean Ltd. and OmniScriptum S.R.L publishing group

120 High Road, East Finchley, London, N2 9ED, United Kingdom
Str. Armeneasca 28/1, office 1, Chisinau MD-2012, Republic of Moldova, Europe
Managing Directors: Ieva Konstantinova, Victoria Ursu
info@omniscriptum.com

Printed at: see last page
ISBN: 978-620-3-48330-7

DEDICAÇÃO

AGRADECIMENTOS

Em primeiro lugar, dou graças a Deus Todo-Poderoso, Mestre do tempo e das circunstâncias, pela minha coragem, pela minha vontade e pela minha capacidade de manter o equilíbrio até conseguir.

Em segundo lugar, gostaria de agradecer ao meu orientador, Bilal Selman, por me ter supervisionado durante a redação desta dissertação. Os seus comentários e orientações foram bem fundamentados e benéficos para o meu aperfeiçoamento.

Gostaria também de agradecer a todos os professores da Universidade Unicaf que contribuíram para este curso de elevada qualidade, que me levou a entrar na fileira dos cépticos de alto nível.

Por último, gostaria de agradecer à minha família que me apoiou durante este longo período de estudos, à minha mulher Bibiche e a todos os meus filhos, por terem suportado todas as dificuldades causadas por estes estudos.

RESUMO

A questão das condições de trabalho e da satisfação dos pacientes está a tornar-se uma prioridade para o sector da saúde, que está a conjugar os seus esforços para melhorar a qualidade dos seus serviços com vista a satisfazer os pacientes. Falar de qualidade dos cuidados de saúde implica a satisfação do doente; enquanto o doente estiver insatisfeito, não estaremos a falar de qualidade. Na procura da melhoria do desempenho, num contexto dominado pelo sequestro político da administração da saúde, e também dificultado por restrições orçamentais, a fidelização dos prestadores de cuidados de saúde com vista à satisfação das necessidades dos doentes não é fácil, embora deva estar no centro das atenções. É por isso que é importante encontrar e aplicar uma nova política que garanta a fidelização dos prestadores e a satisfação das expectativas dos doentes. (O paradigma positivista e a abordagem hipotético-dedutiva, indutiva e adutiva foram escolhidos como a melhor forma de chegar à verdade, a abordagem filosófica (utilizando a categoria hipotético-experiencial), baseada em hipóteses ontológicas e epistemológicas. O método misto, com a utilização do modelo sequencial exploratório e do modelo sequencial explicativo, foi implementado para dar sentido ao nosso estudo. O estudo teve três objectivos:

1. Determinar o impacto das condições de trabalho dos prestadores de cuidados de saúde na satisfação dos doentes;

2. - Descrever o nível de satisfação dos pacientes que consultam as unidades de saúde no Sankuru DPS;

3. Determinar as actuais condições de trabalho dos prestadores de

cuidados de saúde no Sankuru DPS;

Para recolher informações que respondessem à questão de investigação, inspirámo-nos em numerosos estudos que tratavam de assuntos semelhantes. O nosso estudo foi, portanto, um estudo secundário que procurou encontrar respostas sobre o impacto das condições de trabalho na satisfação dos doentes. O nosso estudo sofreu limitações que nos impediram de obter dados para analisar e avaliar os dois últimos objectivos, uma vez que para os atingir é necessário recolher dados primários. Para cumprir os requisitos da universidade, utilizámos a lista de verificação para extrair informações sobre as nossas variáveis de interesse dos conjuntos de dados de outras publicações que tratavam de assuntos semelhantes. As informações recolhidas foram codificadas e analisadas através de métodos estatísticos para determinar o impacto das condições de trabalho dos profissionais de saúde na satisfação dos doentes. Para o efeito, foi utilizado o modelo estatístico de regressão logística para determinar o nível de significância do nosso teste. O teste revelou que a relação entre as condições de trabalho e a satisfação dos doentes é estatisticamente muito significativa no limiar de $,\alpha \leq oo\ 5\%$, pelo que as caraterísticas socioeconómicas influenciam positivamente a satisfação dos doentes, uma vez que o valor de p é muito inferior a 0,05. O rácio de probabilidade é de 0,2926.

ÍNDICE DE CONTEÚDOS

CAPÍTULO I
INTRODUÇÃO

O sistema de saúde da República Democrática do Congo é obrigado a gerir uma multiplicidade de assalariados que lhe são impostos pelos partidos políticos nas 26 províncias do país, incluindo Sankuru. Esta situação não só dificulta a prestação de cuidados a estes funcionários, como também a avaliação das suas condições de trabalho. Aqui e ali, as famílias dos pacientes e os próprios pacientes queixam-se constantemente de insatisfação com os cuidados que recebem.

I.1. Declaração do problema

O relatório de 22-26 de julho de 2019 da Organização Mundial de Saúde (OMS) sobre as consultas técnicas e os planos de ação dos países, que se reuniram em Adis Abeba, traça um quadro sombrio da sobrevivência infantil em África. De acordo com o relatório, 5,3 milhões de crianças com menos de 5 anos morreram em 2018, incluindo 2,5 milhões de recém-nascidos. O relatório salienta que a África subsariana, que inclui a República Democrática do Congo, continua a ser responsável por mais de metade destas mortes. O relatório mostra que 52 países em todo o mundo ainda estão longe de atingir a meta de sobrevivência infantil, conforme estabelecido na meta 3.2 do terceiro objetivo de desenvolvimento sustentável do pacto global (SDG 2030). Este objetivo estipula que a taxa de mortalidade infantil não deve exceder 25 mortes por cada 1.000 nascimentos. A RDC é um dos 52 países onde a situação da sobrevivência infantil continua a ser precária. 80% das mortes ocorrem em casa na RDC, não só porque as famílias não têm dinheiro para pagar os cuidados médicos e por ignorância, mas também porque os doentes não procuram cuidados porque não estão satisfeitos. 20% das mortes ocorrem nas unidades de saúde (SRSS 2010). Na RDC, a diarreia, a pneumonia, a malária e a desnutrição continuam a ser as principais causas de morte infantil. (OMS 2019 p1). Embora a meta 3.8 dos ODM 2030 exija que todos beneficiem de uma cobertura universal de saúde, que inclua a proteção contra riscos financeiros, na RDC continuamos a assistir a realidades que ficam muito aquém desta meta. E algumas crianças e adultos morrem nos braços dos seus tutores, depois de terem sido arrastados até à porta das unidades de saúde, sem terem recebido o mínimo tratamento porque não têm dinheiro para pagar os cuidados médicos.

"A saúde não tem preço, mas tem um custo", diz-se, e esse custo deve ser suportado pelo Estado. Hoje, um estudante da Faculdade de Economia, residente em Sankuru, tem dificuldade em acreditar nesta afirmação, sobretudo quando já perdeu um ente querido nos braços, à porta do hospital, sem ter recebido os mínimos cuidados, muito simplesmente porque a família não tinha meios financeiros para suportar o custo dos cuidados.

Devido à fragilidade de certos serviços oficiais do Estado, como o registo civil, na periferia do país, muitas informações relativas às causas de morte escapam ao controlo do serviço de vigilância das doenças.

Na mesma linha, no meu primeiro trabalho prático para o curso de metodologia de investigação, salientei que, com base nas nossas próprias observações, alguns pacientes que consultam certas estruturas de cuidados de saúde no DPS de Sankuru não são salvos e morrem em casos em que a morte é evitável devido a negligência ou falha por parte dos profissionais de saúde. Infelizmente, estas últimas causas de morte continuam a não ser oficialmente publicadas e são, por isso, atribuídas às 5 principais causas acima mencionadas. As mulheres grávidas correm o risco de dar à luz sozinhas no campo ou nas suas cabanas, enquanto outras são assistidas pelos seus pares que têm a coragem de salvar vidas apesar de não terem qualquer formação. De acordo com MUSUNGAYI do site POLITICO.CD, apesar da introdução pelo Presidente da República, Félix Antoine TSHISEKEDI, de cuidados de maternidade e neonatais gratuitos, a fim de se alinhar com a cobertura universal de saúde, alguns profissionais de saúde em 320 centros de saúde e 50 hospitais gerais de referência na capital, Kinshasa, vêem esta medida como se estivessem a ser obrigados a engolir um comprimido amargo. Alguns profissionais de saúde estão em conflito com esta disposição, que tem por objetivo garantir o acesso aos cuidados médicos tanto aos pobres como aos ricos. Jean-Paul DIVENGI e Roger KONGO, respetivamente diretores do hospital geral de referência de Kinshasa, ex MAMA YEMO, e da clínica NGALIEMA, foram demitidos dos seus cargos, acusados de não terem cumprido a sua responsabilidade de garantir a assistência a uma mulher grávida durante o parto e ao seu recém-nascido. Esta sanção foi imposta em conformidade com as disposições dos artigos 10° e 26° da Portaria n°81-067, de 7 de maio de 1981, relativa aos regulamentos administrativos em matéria de disciplina, na sequência da ocorrência de uma morte materna por negligência, à porta do hospital.

Esta medida manteve-se até à suspensão das operações no hospital

Akram em Limete, Kinshasa, pelo mesmo motivo. A mesma fonte afirma que o início da aplicação da gratuitidade dos cuidados ao parto e ao recém-nascido não foi fácil nos hospitais de Kinshasa. Várias fontes corroborantes que estiveram no local confirmaram que o acesso aos cuidados é seletivo a favor dos que dispõem de meios, enquanto os que não dispõem de meios beneficiam da indiferença dos prestadores de cuidados. MUSUNGAYI (10 de fevereiro de 2024).

Em 27/02/2024, um grupo de prestadores de serviços de saúde, os enfermeiros-chefes das áreas sanitárias da zona sanitária de Lodja, no DPS de Sankuru, compareceram em audiência pública no gabinete do procurador público, perto do tribunal superior de Sankuru. roubam medicamentos invendáveis das suas unidades sanitárias e vendem-nos a vendedores ambulantes.

Daqui se pode deduzir que a negligência, a falta de empenho, os maus tratos aos doentes, o desequilíbrio entre a oferta e a procura de cuidados de saúde e todas as outras práticas que se desviam da oferta de cuidados médicos, observados nos estabelecimentos de saúde da República Democrática do Congo em geral e na divisão provincial de saúde de Sankuru em particular, são o resultado das condições de trabalho a que estão sujeitos os trabalhadores do sector público da saúde. Dado que as desigualdades no domínio da saúde continuam a ser um desafio na RDC, é imperativo introduzir uma política de equidade que incentive o empenhamento dos prestadores de cuidados de saúde. A estratégia mundial das Nações Unidas para a sobrevivência das mulheres, dos adolescentes e das crianças define os objectivos:

"Sobreviver, prosperar e transformar", esta estratégia é abrangente e equitativa. (OMS 2019 P6).

É por isso que temos de nos colocar algumas questões de investigação.

I.2. Questões de investigação

1. Em que medida as condições de trabalho dos prestadores de cuidados de saúde na divisão provincial de saúde de Sankuru afectam a satisfação dos pacientes?
2. Quais são as actuais condições de trabalho dos prestadores de cuidados de saúde na divisão provincial de saúde de Sankuru?
3. Em que medida é que os pacientes estão satisfeitos com as instalações de saúde em Sankuru DPS? Estas perguntas constituem o nosso problema de investigação.

I.3. Hipótese

As actuais condições de trabalho dos prestadores de cuidados de saúde no Sankuru DPS estão na origem do desapontamento dos doentes.

I.4. Finalidade e objetivo do estudo

O objetivo da nossa investigação é contribuir para melhorar a saúde da comunidade, aumentando a eficácia e a eficiência do sistema de saúde como parte do processo global de desenvolvimento socioeconómico.

I.5. Objectivos específicos

- Determinar as actuais condições de trabalho dos prestadores de cuidados de saúde na divisão provincial de saúde de Sankuru;
- Descrever o nível de satisfação dos pacientes que consultam as unidades de saúde no Sankuru DPS;

- Determinar o impacto das condições de trabalho dos prestadores de cuidados de saúde do DPS

I.6. Antecedentes do estudo

Palavras-chave: Condições de trabalho, prestador de cuidados de saúde, satisfação do doente, DPS Sankuru.

I.7. Definições de termos-chave :

I.7.1. Condições de trabalho: "de um modo geral, as condições de trabalho referem-se ao ambiente em que os trabalhadores vivem nos seus locais de trabalho", Okongo (2014).

I.7.2. Prestador de cuidados de saúde: A palavra prestador de cuidados de saúde refere-se ao conjunto de agentes que praticam a arte de prevenir, restaurar ou manter a saúde de um indivíduo ou de uma coletividade. Por exemplo, médicos, enfermeiros, dentistas, técnicos de laboratório, fisioterapeutas, etc.

I.7.3. Divisão Provincial da Saúde (DPS): A divisão provincial de saúde é uma entidade administrativa descentralizada do Ministério da Saúde. O Ministério da Saúde da República Democrática do Congo está descentralizado em 26 divisões provinciais de saúde, distribuídas pelas 26 províncias do país. Sankuru é uma das 26 províncias visadas pelo nosso estudo.

I.7.4. Qual a importância do inquérito sobre este tema?

Acreditamos que a investigação deste tópico nos forneceria informações ponderadas sobre:

- Em que medida as condições de trabalho dos prestadores de cuidados de saúde no Sankuru DPS podem ter um impacto na satisfação dos doentes;

- Condições de trabalho actuais dos prestadores de cuidados de saúde ;

- A medida em que os doentes estão satisfeitos, com vista a tomar decisões responsáveis que possam melhorar o seu bem-estar, no contexto geral da redução das desigualdades nos cuidados de saúde, com o objetivo de alcançar uma cobertura universal de saúde, tal como estabelecido no Pacto Global.

CAPÍTULO II
REVISÃO DA LITERATURA

Este capítulo do nosso trabalho abordará a literatura relativa às condições de trabalho e a literatura relativa à satisfação dos doentes.

II.1. Condições de trabalho :

O programa informático Sider explica as condições de trabalho como o ambiente em que os trabalhadores se encontram no seu local de trabalho. Este conceito remete para um conjunto de elementos importantes, como a remuneração, o horário de trabalho, a segurança no trabalho, os benefícios sociais, o clima de trabalho, as relações entre colegas, as relações com os superiores, o equilíbrio entre a vida profissional e a vida privada, as oportunidades de desenvolvimento pessoal, mas também a penosidade do trabalho. A saúde de um trabalhador é afetada negativamente por más condições, ao passo que é melhorada por condições de trabalho favoráveis. Como diz o ditado, "o espírito abatido seca os ossos, mas o espírito alegre alimenta o coração". É por esta razão que as condições de trabalho são regidas pela legislação e pelas convenções colectivas.
(Sider, GPT-3.5. Turbo).

II.2. A relação entre trabalho e saúde

Benjamin Franklin (2018) vê o trabalho, inicialmente como um constrangimento doloroso, ser entendido como uma fonte de felicidade, realização e uma base que fomenta as relações entre os seres humanos.Etimologicamente, a palavra "trabalho" deriva da palavra latina "tripalium", que significa um instrumento de três pernas que era usado antigamente para infligir castigos aos escravos. E em medicina, a dor do parto sentida pelos mamíferos também é chamada de trabalho de parto, razão pela qual os hospitais têm uma ala de trabalho de parto. Benjamin Franklin (2018). A história de Adão e Eva na Bíblia recorda-nos que Adão e Eva foram castigados depois de terem ofendido Deus, por terem transgredido a lei divina e por terem cometido o pecado original, o de terem comido o fruto da árvore proibida, a árvore do conhecimento do bem e do mal. Deus disse-lhes: "Com o suor do teu rosto comerás o teu pão" Gn3; 19. Esta ideia de Deus castigando Adão e Eva não significa que o trabalho seja um castigo, mas que é a substância do trabalho que é penosa e, portanto, a arduidade do trabalho. Isto sugere que o trabalho, ao mesmo tempo que é uma atividade enriquecedora e gratificante, que favorece as relações entre os seres humanos no seio de uma comunidade, que permite provar a sua capacidade de inovação e deixar a sua marca na terra, tem também um lado negativo, a saber, a sua arduidade, o seu sofrimento e as suas síndromes de esgotamento. Os trabalhos de Benjamin Franklin mostraram que a relação entre o trabalho e a saúde foi demonstrada desde 1700, antes da era industrial. (Benjamin Franklin 2018). Ronaldino RAMAZZINI, este professor de medicina e investigador do PADOU, descobriu os "Morbis artificum diatriba", os precursores das patologias profissionais, mesmo antes de se poder falar destas últimas. Já não há dúvidas sobre o impacto do trabalho na saúde das pessoas. Benjamin Franklin (2018). No século XIX, Louis René Villermé, médico parisiense, também publicou importante documentação descrevendo as condições de trabalho e seus efeitos assustadores sobre a saúde das populações expostas. Em 1840, publicou um quadro sobre o estado físico e moral dos trabalhadores das fábricas de algodão, lã e seda. Outros investigadores do século XIX também publicaram documentos chocantes sobre "a crueldade e a violência do trabalho em linha de montagem que destrói a saúde e a dignidade humanas". Benjamin Franklin (2018). Deve notar-se que, atualmente, os estudos que examinam a relação entre saúde, trabalho e as suas repercussões no cliente estão a tornar-se raros, por razões que exigem um estudo mais aprofundado.

II.3. Revisão da literatura sobre o conceito de trabalho e saúde tal como é entendido por outras disciplinas

Para Benjamin Franklin, a noção de trabalho e saúde não é percebida e interpretada da mesma forma pelas diferentes disciplinas que se interessam por ela. O sociólogo vê-o como uma relação social; o jurista vê-o como uma relação de subordinação entre empregado e empregador, mas esta relação deve ser regida por regulamentos ou por um contrato de trabalho; um conjunto de tarefas prescritas para o desempenho, segundo o ergonomista, (ou seja, a ergonomia procura adaptar o trabalho ao homem e não adaptar o homem ao trabalho); enquanto o economista o vê como um fator de produção de bens ou serviços; e para o psicólogo é um confronto com o mundo exterior. Benjamin Franklin (2018). E em termos práticos, o trabalho é uma atividade profissional remunerada com tarefas a realizar numa organização, tudo regido por um contrato de trabalho. Benjamin Franklin (2018).A saúde é um conceito difícil de definir, pois não é simplesmente a ausência de doença ou enfermidade.A Organização Mundial de Saúde define-a como um estado de completo bem-estar físico, mental e social e não apenas a ausência de incapacidade ou enfermidade. (Para o jurista Hubert Seillans, "o trabalho é simultaneamente o fruto e a fonte da riqueza necessária à saúde. A própria saúde é a fonte de riqueza e de trabalho de qualidade" (Hubert Seillans sd, Benjamin Franklin 2018). E prossegue dizendo que a saúde no trabalho é vista simultaneamente como um estado, um objetivo, um meio e um fim.

II.4. Revisão da literatura sobre a satisfação dos doentes

Excelentes estudos de JIHANE, S (2021) explicam que a satisfação do cliente e a experiência do cliente são difíceis de dissociar, especialmente quando as duas palavras são usadas juntas num determinado contexto.Para Pâlichon, 1999 e JIHAN 2021, "a satisfação do cliente é considerada no marketing como um estado de espírito proporcionado por um processo de avaliação afectiva e cognitiva na sequência de uma transação específica". (A satisfação do cliente é um conceito que é pragmaticamente entendido como uma sequência unidimensional envolvendo dois pólos extremos: o pólo positivo (muito satisfeito) e o pólo negativo (muito insatisfeito). (Medir a experiência do cliente é o mesmo que medir a satisfação do cliente. A revisão da literatura de CAROLINE MERDIGER-RUMPLER (2009, p1-3) demonstra como os elementos do serviço contribuem para a satisfação do paciente internado, utilizando o "modelo Tetraclasse" de Llosa (1997). Este modelo parece ser o primeiro a ser testado no domínio da saúde humana, em cirurgia de curta duração. Este modelo foi considerado importante na medida em que forneceu aos prestadores novos conhecimentos sobre a forma como a satisfação do doente está estruturada, e também sobre a tomada de decisão na escolha de actividades úteis que poderiam levar a uma melhor satisfação do doente.Na opinião de CAROLINE, duas linhas de pensamento têm abordado a literatura sobre o conceito de satisfação do doente internado, principalmente: a literatura de marketing centrada no comportamento do consumidor e nas actividades de serviço com vista a analisar o doente-consumidor, e a literatura médica e hospitalar (novamente com vista a analisar o doente).

II.5. Literatura sobre a satisfação do cliente em marketing

Aurier & Evrard, Y. (1998), como citado por MERDINGER-RUMPLER, (2009). Salientam no seu trabalho que os autores apresentaram várias opiniões e abordagens contraditórias sobre a satisfação do cliente no marketing, mas concordaram com o estado psicológico do cliente como a caraterística central e principal da satisfação do cliente, Aurier e Evrard, Y, (1998) ; MERDINGER-RUMPLER, (2009).

II.6. O que significa a satisfação enquanto estado psicológico?

É considerado um estado psicológico porque é o resultado de um processo que integra as dimensões cognitiva e afectiva. Outros autores propuseram a dimensão conativa da satisfação como terceira, embora concetualmente discutível (um estado psicológico totalmente diferente das suas consequências comportamentais, "a satisfação de um fenómeno que não é diretamente observável". (Llosa, S. (1997)

II.7. Satisfação como um juízo da experiência pós-consumidor

Mesmo que a avaliação do consumidor se baseie na totalidade da sua experiência de consumo, ou que diga respeito apenas a uma parte do processo, quer se trate da compra, do consumo ou simplesmente da utilização, o conjunto é designado por "avaliação relativa pós-compra". MEDINGER-RUMPLER, p2 (2009). No caso das actividades de serviços, a definição de satisfação deve ter em conta a natureza experiencial do serviço e a necessidade de o consumidor ter experimentado o serviço antes de fazer um juízo de satisfação. MEDINGER-RUMPLER, p2 (2009).

II.8. A literatura sobre a satisfação como uma avaliação relativa

O paradigma do modelo de desconfirmação fornece uma abordagem baseada no processo de formação da satisfação, que assenta nos seguintes princípios comparação da experiência subjectiva do consumidor com padrões de comparação, também conhecidos como base de referência inicial. Devido às limitações que levaram a críticas ao modelo de desconfirmação de expectativas, foram propostos mais de vinte padrões de comparação. Este facto levou ao aparecimento de várias teorias explicativas concorrentes. Hoje em dia, é aceite que estes padrões de comparação produzem efeitos diferentes na satisfação (estes efeitos podem ser: lineares ou não lineares, positivos ou negativos). Embora os cientistas considerem que o interesse deste trabalho se baseia nas provas, do ponto de vista da gestão, o seu interesse continua a ser limitado pelo facto de o estudo se ter centrado na desconfirmação dos padrões de comparação, sem ter em conta certos parâmetros importantes, principalmente: o papel, a importância e a determinação dos atributos que constituem a oferta do produto ou do serviço. Acabámos de recordar as caraterísticas importantes da satisfação, tal como definidas em marketing. Queremos concentrar-nos na satisfação de um "cliente" específico: o doente. MEDINGER-RUMPLER, p2 (2009).

II.8. Revisão da literatura sobre a satisfação do doente como avaliação comparativa e multidimensional

De acordo com MEDINGER-RUMPLER, (2009), a abundante literatura sobre a satisfação dos pacientes propôs definições que integram sistematicamente o elemento "comparação" do processo de formação sem esquecer o seu aspeto multidimensional que tem em conta todos os atributos que caracterizam a oferta. MEDINGER-RUMPLER, p2 (2009).

De um modo geral, a satisfação do doente pode ser entendida como o resultado de um processo de avaliação e comparação do serviço recebido pelas várias partes envolvidas e dos elementos do ambiente físico em que o serviço de saúde é prestado. Vários estudos, sobretudo anglo-saxónicos, validaram os parâmetros propostos pelos doentes para avaliar a sua experiência de hospitalização. Apesar da variedade de dimensões de avaliação propostas pelos investigadores, foram sistematicamente retidos quatro grandes grupos de elementos. Estes são

- "Relações interpessoais" (com diferentes categorias de pessoal, médico, paramédico, de enfermagem, administrativo);
- "O ambiente físico (quartos, restaurantes, serviços).
- "Os diferentes procedimentos (receção, coordenação dos exames, alta).
- Qualidade técnica dos cuidados

Devemos salientar aqui que certos elementos mais técnicos não são tidos em conta na nossa revisão da literatura, nomeadamente: resultado clínico, eficácia dos cuidados, melhoria, manutenção do estado de saúde, redução do stress ou da dor, etc. À luz de toda esta literatura, o nosso estudo visa não só fazer um balanço das condições de trabalho actuais, mas também do nível de satisfação dos pacientes e do impacto das condições de trabalho na satisfação, a fim de fornecer uma linha de referência que permita aos políticos fazer ajustamentos quando for realmente necessário melhorar a qualidade dos cuidados prestados aos pacientes no SPD de Sankuru. É difícil falar de qualidade em geral e da qualidade dos cuidados em particular (satisfação dos pacientes), sem recordar a noção da norma ISO nas organizações de saúde.

II. 9 O padrão empresarial nos cuidados de saúde

Em 2008, o Groupe entreprise en santé criou esta norma, que foi aprovada pelo Bureau de Normalisation Québécois, a norma CAN/BNQ 9700-800/2020. Primeira norma ISO do mundo, trata da prevenção, da promoção e das práticas organizacionais favoráveis à saúde no local de trabalho, vulgarmente designado por Empresa Saudável e, por conseguinte, hospitais, clínicas, centros de saúde, etc. ... Segundo Lipari & Messier, 2020, citados por SAMUEL JULIEN em 2022, é a primeira norma do mundo a tratar da promoção da saúde geral no local de trabalho (Lipari & Messier, 2020, SAMUEL JULIEN 2022 p19). Após a sua última revisão em 2020, é reconhecida no Canadá como uma norma nacional e constitui uma das referências em todo o país. Messier, 2020 confirma que, em virons, 40 empresas de saúde já possuem a sua certificação de empresa de saúde. Este número é inferior ao número de empresas certificadas pela ISO 9000. Qual é o objetivo desta norma? O objetivo desta norma é criar condições de trabalho propícias à adoção e manutenção de boas práticas favoráveis à vida do pessoal e à melhoria sustentável da saúde e do bem-estar dos trabalhadores na empresa. (A palavra-chave desta norma é a prevenção, e a prevenção é uma prioridade. A prevenção é uma prioridade. Deve ser implementada, promovida, mantida e melhorada através de práticas organizacionais favoráveis à saúde. Para o conseguir, a norma exige :

* "Integrar o valor da saúde das pessoas no processo de gestão da empresa.
* Criar ou melhorar as condições de trabalho para prevenir doenças e lesões relacionadas com o trabalho;
* Criar condições no local de trabalho que promovam a saúde e o bem-estar dos trabalhadores;
* As intervenções de implementação que têm em conta tanto as necessidades dos trabalhadores, que são identificadas através da recolha periódica de dados, como os desafios da empresa". (Bureau de normalisation du Québec, 2020; SAMUEL JULIEN, 2022). Esta norma permite às partes interessadas criar um clima de colaboração aberta e estreita para um local de trabalho mais saudável. O seu sucesso rege-se por três princípios:
* "Responsabilidade partilhada pela saúde entre os trabalhadores e as partes interessadas no local de trabalho;
* Um compromisso firme, concreto e viável por parte da direção;

* Uma parceria estreita entre a direção, o pessoal e todas as partes interessadas". (Bureau de normalisation du Québec, 2020; SAMUEL JULIEN 2022, p 20/161). E se um estabelecimento de saúde desejar obter uma certificação, existem três níveis de certificação:

Certificação Basic, Elite e Elite plus. Estes níveis de certificação diferem nos seus requisitos. Os dois últimos são mais exigentes do que a certificação básica. O processo de certificação de uma empresa de saúde dura em média 12 a 24 meses. O que a distingue de outras normas de outros programas de saúde é a importância atribuída ao empenhamento dos gestores ao longo de todo o processo. (SAMUEL JULIEN 2022).

CAPÍTULO III
METODOLOGIA E MÉTODO

Em todos os projectos de investigação, é obrigatório especificar a metodologia e o(s) método(s) de recolha de dados que permitirão responder à questão de investigação. No que diz respeito ao nosso objeto de investigação, este procura responder às seguintes questões de investigação:

1. Em que medida é que as condições de trabalho dos funcionários do DPS Sankuru afectam a satisfação dos doentes?

2. Quais são as actuais condições de trabalho dos prestadores de cuidados de saúde na divisão provincial de saúde de Sankuru?

3. Até que ponto os pacientes estão satisfeitos com as estruturas de saúde no DPS de Sankuru? Optou-se pelo paradigma positivista e pelas abordagens hipotético-dedutiva, indutiva e abdutiva.

A abordagem filosófica (utilizando a categoria hipotético-experiencial), baseada em hipóteses ontológicas e epistemológicas.

III.1. Definições de conceitos

III.1.1. Paradigma :

Um vídeo consultado no blogue METHODORECHERCHE.COM, que falava da diferença entre uma metodologia de investigação e um método de investigação, explica os paradigmas como enquadramentos utilizados pelos investigadores como base para tudo o resto que fazem. Como explica o blogue, o significado contemporâneo da palavra é atribuído a um filósofo e físico americano chamado Thomas

23

Kuhn.

Thomas Kuhn considera um paradigma como um conjunto de pontos de vista básicos e práticas sobre as quais os cientistas concordam num determinado momento.

Para Guba e Lincoln (1994), como citado no blogue acima, os paradigmas são sistemas de crenças básicas baseados em pressupostos ontológicos, epistemológicos e metodológicos

Por outras palavras, diferentes tipos de investigação baseiam-se em diferentes conjuntos de crenças; se quisermos compreender a investigação, temos de examinar a filosofia que lhe está subjacente. Tal como as lentes dos óculos mudam a aparência do ambiente, também um paradigma muda a direção da investigação. Se usarmos óculos de cor, tudo se torna colorido, se usarmos óculos pretos, tudo se torna preto, se usarmos óculos vermelhos, o ambiente torna-se vermelho.

Assim, as lentes, ou o paradigma que escolhemos, mudam a forma como vemos o mundo (Blog METHODORECHERCHE.COM).

III.1.2. Epistemologia

Piaget, (1967), citado por Daniel Le Garrec, (2023), considera a epistemologia como o estudo que procura construir um conhecimento válido a meio caminho entre o idealismo objetivo, por um lado, e o materialismo, por outro. Para responder à nossa questão de investigação, em que medida as condições de trabalho dos funcionários dos hospitais e centros de saúde do DPS Sankuru, partimos de um conjunto de ideias, de teorias válidas e objectivas, para a recolha de informações, para depois construir novos conhecimentos. 13O estudo da filosofia que examina a natureza, a origem e os limites do conhecimento humano chama-se epistemologia. A palavra deriva de duas palavras gregas, episteme, que significa "conhecimento", e logos, que significa "razão", daí o nome "teoria do conhecimento". Segundo Cohen, (1996), citado por Daniel Le Garrec, (2023), a epistemologia é um dos ramos da filosofia que se ocupa do conhecimento. Daniel Le Garrec, (2023).

III.1.3. Abordagem dedutiva

Gratton e Jon (2009), citados por Daniel Le Garrec, explicam que o papel da abordagem dedutiva é testar a explicação, testar uma teoria ou testar uma hipótese pré-determinada. Também conhecido como raciocínio dedutivo ou dedução, este é o tipo básico de raciocínio. Este tipo de raciocínio começa com uma afirmação geral ou com uma hipótese, e depois pensa em examinar as possibilidades de chegar a uma conclusão especificamente pensada. A análise sistemática das informações existentes conduzirá à aceitação ou à rejeição da hipótese, com vista a atingir o objetivo da investigação (Gill e Johnson, (2010) Daniel Le Garrec, p13 (2023)). Acreditamos que esta abordagem nos permitirá explicar em que medida as actuais condições de trabalho dos funcionários dos hospitais e centros de saúde do Sankuru DPS têm impacto na satisfação dos pacientes.

III.1.4. Abordagem indutiva

De acordo com Gratton & Jones (2009, citado por Daniel Le Garrec, 2023) p13, ao contrário do raciocínio dedutivo, a abordagem indutiva requer a disponibilidade dos dados recolhidos para gerar explicações, com o objetivo de explorar novas teorias. A flexibilidade é a sua vantagem, na medida em que o investigador não é obrigado a seguir sempre teorias pré-determinadas.

III.1.5. Abordagem abdutiva

Uma terceira abordagem é designada por abordagem abdutiva. Nesta abordagem, o processo parte de um "facto surpreendente", também conhecido por "enigmas", e a abordagem continua centrada na explicação dos "factos surpreendentes" ou "enigmas". Este é o "problema" que pode surgir quando o investigador é confrontado com um fenómeno empírico para o qual a teoria existente não tem explicação. O nosso estudo pretende, portanto, efetuar esta triangulação para atingir os seus objectivos.

III.1.6. Métodos e instrumentos de recolha de dados

Para recolher os dados para o nosso estudo sobre as condições de trabalho dos funcionários e a satisfação dos pacientes, utilizámos uma revisão da literatura com a nossa lista de verificação, que nos permitiu explorar uma série de documentos que nos forneceram as informações necessárias para escrever esta dissertação.

III.1.7. Tipo de estudo

Trata-se de um estudo secundário, analítico, centrado nas condições de trabalho dos funcionários e na satisfação dos pacientes. O objetivo deste estudo é acrescentar algo ao que já se sabe sobre o impacto das condições de trabalho na satisfação dos doentes.

III.1.8. Local de estudo

Como estudo secundário, é o resultado de um estudo publicado pela POLITECHNIQUE MONTREALAISE, que está afiliada à Universidade de Montreal, no Canadá. O estudo primário utilizou dados de   mantidos em "ALAYACARE", esta empresa sediada em

Montreal é o seu parceiro industrial, é responsável pela recolha de dados de atividade dos clientes desde 2014, principalmente dados de centros de cuidados domiciliários no Canadá, nos Estados Unidos e na Austrália.

III.1.9. População do estudo

O grupo-alvo deste estudo seriam os funcionários das unidades sanitárias da divisão provincial de saúde de Sankuru e os pacientes que residem temporariamente nessa divisão. No entanto, seguindo instruções da universidade para realizar investigação secundária, a nossa população de estudo foi alterada para dados extraídos de conjuntos de dados de estudos semelhantes. A população do estudo era constituída por funcionários de 10 agências de cuidados domiciliários do Canadá, dos EUA e da Austrália.

III.1.10. Técnica de amostragem

O nosso estudo explorou dados secundários de um estudo que tinha como objetivo : O nosso estudo explorou dados secundários de um estudo que tinha como objetivo "qualificar a satisfação dos trabalhadores no seu trabalho" (Guillaume 2020), em 10 agências de cuidados domiciliários que foram alvo de experimentação. Nomeadamente: 6 localizavam-se no Canadá, e tinham recolhido informação de 72 clientes, 2 localizavam-se nos Estados Unidos e tinham fornecido dados de 24 clientes e por fim 2 na Austrália, tendo 21 clientes, no total 117 clientes de 10 agências de cuidados constituíram a amostra da fonte de estudo primária do nosso estudo. Estes dados de diferentes clientes foram retirados da "ALAYACARE", a empresa sediada em Montreal responsável pela recolha de dados sobre as actividades dos clientes desde 2014. E para responder às necessidades do nosso estudo, tivemos de reexaminar estes resultados a partir de um estudo comparativo entre os diferentes clientes dos três países.

III.1.11. Instrumentos de recolha e análise de dados

Utilizámos a lista de verificação Liker para recolher informações que mediam o impacto das condições de trabalho do funcionário na satisfação dos doentes.

Utilizámos o software matemático SPSS versão 3.5.1 para analisar os dados relativos às nossas variáveis de interesse.

O Microsoft Word e o PowerPoint foram utilizados para introduzir e apresentar o relatório do estudo.

III. Que resultados foram alcançados?

Este estudo deu-nos 1/3 dos seguintes resultados:

• Foi determinado o impacto das condições de trabalho na satisfação dos doentes.

• As actuais condições de trabalho dos trabalhadores das unidades de cuidados de saúde não foram determinadas, o que exige um estudo primário adicional para o fazer.

• Os níveis de satisfação dos pacientes que consultam as estruturas de cuidados médicos do DPS de Sankuru também não foram descritos e requerem um estudo primário que localize geograficamente o assunto, dado que as nossas variáveis de interesse em relação a estes resultados não existem nas bases de dados actuais do país em geral e da província em particular.

CAPÍTULO IV

APRESENTAÇÃO DOS RESULTADOS

Para encontrar os resultados da nossa dissertação, que procura responder à questão: até que ponto as condições de trabalho podem ter um impacto na satisfação dos pacientes,	inspirámo-nos no trabalho de Guillaume intitulado: "Deste conjunto de dados, extraímos os dados para as nossas seis variáveis relevantes. A partir deste conjunto de dados, extraímos os dados relativos às nossas seis variáveis consideradas pertinentes. Estes dados, novamente codificados e analisados com o software SPSS, foram tratados no âmbito do nosso estudo e serviram para medir se os nossos objectivos de investigação foram ou não atingidos.

IV.1.LISTA DE VARIÁVEIS DE INTERESSE

1. Remuneração

2. Horário de trabalho

3. Benefícios dos empregados

4. Relações entre colegas de serviço

5. Equilíbrio entre vida profissional e pessoal

6. Oportunidades de desenvolvimento pessoal

7. Satisfação dos doentes.

IV2MODELO DE ANÁLISE UTILIZADO

Modelo estatístico de regressão logística

De acordo com B. Karsh, B. Booske e F. Sainfort, (2005), como citado por Guillaume, a regressão logística simples é o modelo linear utilizado para determinar os coeficientes bo,...bn das variáveis explicativas x1, ...xn que melhor descrevem uma variável y de acordo com a sua fórmula.

O mesmo autor acrescenta que: na utilização da regressão logística simples, a variável y a explicar é binária. No nosso caso, o objetivo é determinar em que medida as condições de trabalho têm impacto na satisfação dos doentes. A. Y. Ng, (2004) acrescentou a regularização ao modelo, apresentando os seus métodos, utilizando as normas L1 e L2. Este último método permite anular os coeficientes das variáveis que fornecem pouca ou nenhuma informação na previsão, acrescentando um termo à função de verosimilhança. Além disso, a biblioteca **scikitlearn** oferece uma versão que integra os dois modelos utilizando as duas normas, com um parâmetro 11_ratio que define a importância de um sobre o outro. Esta regularização é designada por "Elasticnet" (Guillaume 2020 p 25).

Tabela I. Resultados do modelo de regressão logística

Term	Odds Ratio	95%	C.I.	Coefficient	S. E.	Z-Statistic	p-Value
Variable 1.remuneration	0,2926	0,2200	0,3893	-1,2288	0,1456	-8,4414	0,0000
Variable 2. Timetable of work	0,5766	0,4018	0,8273	-0,5507	0,1842	-2,9889	0,0028
Variable 3.Les social benefits	0,9305	0,8154	1,0618	-0,0720	0,0674	-1,0693	0,2849
Variable 4: Relationship between service colleagues	0,6109	0,4591	0,8129	-0,4928	0,1458	-3,3811	0,0007
Variable 5: Work-life balance privacy	1,6200	1,1462	2,2896	0,4824	0,1765	2,7332	0,0063
Variable 6. Development opportunities staff	0,6681	0,5096	0,8759	-0,4033	0,1382	-2,9194	0,0035
CONSTANT	*	*	*	1,7483	0,1694	10,3179	0,0000

Observações: O quadro acima mostra que a relação entre as condições de trabalho e a satisfação dos doentes é estatisticamente muito significativa no limiar de $\alpha \leq o ,o$ 5%, pelo que as caraterísticas socioeconómicas têm uma influência positiva na satisfação dos doentes, uma vez que o valor de p é bastante inferior a 0,05. O rácio de probabilidades é de 0,2926. O rácio de probabilidades é de 0,2926.

O horário de trabalho e o equilíbrio entre a vida profissional e pessoal foram estatisticamente significativos, com valores de $p \leq 0,05\%$ e odds ratios de 0,5766 e 1,6200, respetivamente, enquanto os benefícios adicionais, as relações entre colegas e as oportunidades de desenvolvimento pessoal foram também estatisticamente muito significativos. Estas variáveis têm influência na satisfação dos doentes, uma vez que os seus valores de p foram largamente$\leq$ 0,05%, com rácios de probabilidades de : 0,9305; 0,6109 e 0,6681.

CAPÍTULO V

DISCUSSÃO, CONTRIBUTOS DA INVESTIGAÇÃO, LIMITAÇÕES DA INVESTIGAÇÃO E PISTAS PARA INVESTIGAÇÃO FUTURA

V.1. Contributos teóricos e de gestão

De um ponto de vista teórico, este modelo estatístico de regressão logística com informações confirmou ou validou várias hipóteses dos outros modelos matemáticos e teorias anteriormente explorados em relação às condições de trabalho e à satisfação dos pacientes. Estes resultados confirmam, entre outras coisas, a afirmação de JAMAL e WARIT (18 de janeiro de 2024) de que "um empregado satisfeito é igual a um cliente satisfeito". A empresa tem uma grande responsabilidade na gestão da satisfação dos trabalhadores, a fim de maximizar os resultados, melhorar a qualidade da saúde da comunidade e melhorar a eficiência e a eficácia do sistema de saúde.

De um ponto de vista de gestão, os resultados desta investigação fornecem provas suficientes da influência das condições de trabalho na satisfação dos pacientes e confirmam os resultados do trabalho de JAMAL e WARIT, (18 de janeiro de 2024), que defendem que o impacto da responsabilidade social das empresas (RSE) no cliente deve ser alcançado, em primeiro lugar, através da satisfação dos trabalhadores. Estes estudos mostram que os cidadãos marroquinos têm razão em preocupar-se com as empresas que gerem mal os seus trabalhadores, devido aos produtos de má qualidade que produzem e colocam no mercado em benefício da população. Os cidadãos marroquinos compreenderam suficientemente bem a relação entre um produto de qualidade e a satisfação dos trabalhadores. Um trabalhador satisfeito dedicará a sua alma e a sua consciência à realização de um trabalho que produza resultados de qualidade, ao passo que um trabalhador insatisfeito corre o risco de se desviar da curva da oferta ou de se entregar a práticas de procura induzidas pela oferta. Seria, pois, oportuno que as empresas que se alinharam pela lógica da implementação da cobertura universal de saúde tivessem em conta a necessidade de proteger a saúde dos seus trabalhadores. gestão da satisfação dos trabalhadores, se e só se as empresas quiserem melhorar a qualidade dos cuidados prestados aos doentes. O trabalho não deve ser visto apenas como um constrangimento doloroso, mas também como uma fonte de enriquecimento e de realização para o trabalhador e para a sociedade no seu conjunto.

Os resultados desta investigação devem ser de interesse para as políticas de melhoria das condições de trabalho sempre que se discute a melhoria da qualidade, uma vez que a melhoria da qualidade implica a satisfação do cliente, e esta satisfação depende principalmente da satisfação dos trabalhadores.

A influência das condições de trabalho na satisfação dos pacientes demonstrada por esta investigação leva-nos a crer que a negligência, a falta de empenho, os maus tratos infligidos aos pacientes, o desequilíbrio entre a oferta de cuidados e a procura, as práticas de procura de cuidados induzidas pelos prestadores de cuidados, bem como todas as outras práticas que se desviam da curva de oferta de cuidados médicos, observadas nas unidades de saúde da República Democrática do Congo em geral e no DPS de Sankuru em particular, são o resultado da insatisfação dos trabalhadores deste sector e que a solução reside na sua satisfação.

V.2 Limites da investigação e pistas de investigação

De um ponto de vista teórico, a nossa investigação merece uma pesquisa adicional que localize geograficamente a província de Sankuru na República Democrática do Congo, principalmente para recolher dados primários que possam responder às questões não respondidas por esta investigação, em particular as seguintes questões: 1. Quais são as actuais condições de trabalho dos prestadores de cuidados de saúde na divisão provincial de saúde de Sankuru? 2. Até que ponto os pacientes estão satisfeitos nas unidades sanitárias da DPS de Sankuru? Estas questões continuam sem resposta, uma vez que a nossa investigação se a uma pesquisa secundária e não encontrou qualquer informação que localizasse geograficamente o assunto na província de Sankuru. O assunto ainda não parece estar coberto na província. De um ponto de vista metodológico, parece apropriado replicar e experimentar este tema localmente, utilizando a escala de Likert para captar realidades geograficamente localizadas e procurar formas de as resolver, dado que a maioria dos nossos governos africanos, principalmente o Ministério da Saúde, Higiene e Prevenção da República Democrática do Congo, ainda não incorporou variáveis que medem a satisfação dos funcionários e dos pacientes na sua base de dados. Enquanto o país continua a lutar contra as doenças, desenvolvendo milhares de indicadores de controlo das doenças, as variáveis que medem a satisfação dos trabalhadores parecem ter ficado órfãs ou simplesmente obsoletas, quando deveriam ter sido reunidas para melhor avaliar e compreender o nível de melhoria da saúde das comunidades.

CONCLUSÃO

Globalmente, o objetivo deste estudo é contribuir para melhorar a saúde da comunidade, aumentando a eficácia e a eficiência do sistema de saúde como parte do processo global de desenvolvimento socioeconómico. Os seus objectivos consistiam em determinar o impacto das condições de trabalho dos prestadores de cuidados de saúde em geral, e os da divisão provincial de saúde de Sankuru em particular, na satisfação dos pacientes. Para tal, partimos de uma constatação sobre o problema de saúde na África subsariana, que é precário e do qual o nosso país, a República Democrática do Congo, faz parte, tal como mencionado no relatório da Organização Mundial de Saúde sobre as consultas técnicas e os planos de ação nacionais realizados em Adi-Abeba de 22 a 26 de julho de 2019. Com base nestas observações sobre as falhas do nosso sistema de saúde em relação à insatisfação dos doentes e dos trabalhadores do sector público, a nossa hipótese previa que as actuais condições de trabalho dos prestadores de cuidados de saúde na República Democrática do Congo em geral e no Sankuru DPS em particular estariam na origem da insatisfação dos doentes. Após a análise dos testes estatísticos, principalmente a regressão logística dos dados secundários recolhidos revelou que a relação entre as condições e a satisfação dos doentes é estatisticamente muito significativa no limiar de α . $\leq oo$ 5%, assim, as caraterísticas socioeconómicas, principalmente a remuneração dos funcionários, influenciam positivamente a satisfação dos pacientes, uma vez que o valor de p é largamente inferior a 0,05% e o rácio de costa é de 0,2926. Daqui podemos deduzir que na África Subsariana em geral e na RDC em particular, as condições de trabalho dos empregados do sector da saúde estão na origem da insatisfação dos pacientes e que a insatisfação dos empregados tem um impacto negativo na satisfação dos pacientes. A nossa investigação mostrou que o nosso sistema de saúde desenvolveu mais indicadores relacionados com o controlo das doenças, a higiene, a prevenção, etc. Infelizmente, a nossa exploração constatou que não existem indicadores de satisfação dos trabalhadores nas nossas bases de dados! Este facto indica uma falta de interesse ou de conhecimento do valor dos indicadores de monitorização da satisfação dos trabalhadores, que são indicadores-chave para avaliar e melhorar a qualidade dos cuidados de saúde prestados a uma população, com vista a alcançar uma cobertura universal de saúde e a cumprir as normas CAN/BNQ 9700-800/2020 e ISO 9000. Não será possível implementar com êxito os cuidados de saúde gratuitos sem ter em conta a satisfação do pessoal de saúde. Os resultados do nosso estudo confirmaram um adágio de Sankuru que diz: "Otemanyanga hadjolemu nkamba", que se traduz em francês como: "Um coração partido pela preocupação não consegue fazer o trabalho". A insatisfação de um trabalhador parte-lhe o coração e, apesar das dificuldades, parece não ser apreciada pela entidade patronal e, por conseguinte, obsoleta. A questão das condições de trabalho dos funcionários do sector público da saúde e do seu impacto na satisfação dos doentes é intrigante e merece ser analisada em futuras investigações. O nosso estudo teve limitações que não nos permitiram medir não só as condições actuais dos funcionários da Dps sankuru, mas também os níveis actuais de satisfação dos pacientes que consultam estas unidades de cuidados, devido à falta de tais dados nas bases de dados provinciais. Por este facto, seria importante que o nosso estudo fosse conduzido empiricamente para chegar a evidências locais ou que se limitasse à análise de dados secundários onde a maioria das variáveis de interesse local não está disponível. Recomendamos que a governação e a liderança do sistema de saúde do nosso país incorporem indicadores para a monitorização periódica da satisfação dos trabalhadores, bem como inquéritos periódicos à satisfação dos doentes. Esta comparação periódica irá impulsionar a melhoria da qualidade dos cuidados de saúde que, por sua vez, irá aumentar a eficácia e a eficiência do sistema de saúde como parte do processo global de desenvolvimento socioeconómico.

REFERÊNCIAS

1. A. Y. Ng, "Feature selection, l1 vs. l2 regularization, and rotational invariance," in Proceedings of the Twenty-First International Conference on Machine Learning, ser. ICML '04. Nova Iorque, NY, EUA: Association for ComputingMachinery, 2004, p. 78.

2. Benjamin Franklin et al (2018)   Compreender a relação entre trabalho e saúde: amigo ou inimigo? La Santé et le Travail (2.ª edição) : 10 étapes Pour une Prévention Efficace Dans L'entreprise, Edições Arnaud Franel, 2018. ProQuest Ebook Central, http://ebookcentral.proquest.com/lib/UNICAF/detail.actio n?docID=5651343. Criado a partir de UNICAF em 2024-05-12 13:56:55.

3. Daniel Le Garrec (2023) Introdução à investigação científica, universidade unicaf.

4. GUILLAUME VERGNOLLE. (2021). Tool for diagnosing and preventing employee dissatisfactionUniversité de Montréal, Canada, Distributed by ProQuest LLC

5. SEBAI. J. (2021), Kroger et al (2007), Donabedian (1980). Da experiência à satisfação dos pacientes: Forçar a melhoria em França, Universidade Paris-Saclay, UVSQ, Larequoi Versailles, França.

6. MERDINGERRUM PLER. (2009) Contribution of service elements to inpatient satisfaction: an application of the tetraclass model, marketing decision no. 53 January-March 2009-43.

7.MUSUNGAYI (8Fev2024). Suspensão dos diretores médicos de dois hospitais em Kinshasa, RDC, Agência de Imprensa Congolesa/ACP POLITICO.CD

8. Organização Mundial de Saúde. (2019). Técnica consulta e plano de ação nacional, de 22 a 26 de julho de 2019 na ADIS ABEBA. P1

9. Okongo (2023), Plichon. (1999), JIHANE, S. (2021). Impacto das condições de trabalho dos profissionais de saúde na satisfação dos pacientes Estudo de caso da Divisão Provincial de Saúde (Dps) de Sankuru, República do Congo

República Democrática do Congo/RDC, Université unicaf.

10. Youssef JAMAL, Rajaa FAIK, e Mohamed WARIT. (2024). Littérature review on the existing link between human resource Management and social performance, Université Hassan II - Casablanca- MAROC ISSN : 2658-8455 Volume 5, Número 2 (2024), pp. 149- 160. © Autores : CC BY-NC-ND

APÊNDICES

Guia de entrevista sobre as condições de trabalho dos prestadores de cuidados de saúde e a satisfação dos doentes.

Olá, o meu nome é Sou um investigador no domínio da melhoria da saúde e do bem-estar de todos. Obrigado pela vossa participação. O objetivo da entrevista de hoje é saber mais sobre as condições de trabalho dos prestadores de serviços de saúde no Sankuru DPS e o impacto que estas têm na satisfação dos doentes. Gostaríamos de obter uma compreensão mais profunda das condições de trabalho no seu ambiente, explorando os pontos de vista, desafios e factores que podem facilitar a integração do programa de saúde ocupacional no sistema de saúde local. Esta entrevista abrangerá uma série de questões relacionadas com as condições de trabalho dos prestadores e uma segunda parte relacionada com a satisfação dos doentes. É-lhe pedido que responda de acordo com o seu nível de convicção: (Concordo totalmente, Concordo, Concordo um pouco, Nem concordo nem discordo, Discordo um pouco, Concordo totalmente, Não sei, Sem resposta). Os doentes, por outro lado, responderão de acordo com uma escala de satisfação: (Muito satisfeito, satisfeito, nada satisfeito, muito insatisfeito, etc.). Gostaria de gravar esta entrevista; pode ser (ligar o gravador e repetir a pergunta, se possível para a gravação).

Antes de começarmos, tem alguma pergunta a fazer-me?

Antes de mais, poderia falar-me um pouco de si?

Explorador : nome da província

Zona sanitária

Área da saúde

Posição

Antiguidade

Data 2024

O Investigador, nome próprio, apelido e assinatura: Tel :

SECÇÃO I. QUESTÕES PARA AVALIAR AS CONDIÇÕES DE TRABALHO ACTUAIS

Em que medida concorda com as seguintes afirmações?								
	Concordo plenamente	De acordo.	Concordo um	Nenhum dos dois concorda ou discordar	Discordo um pouco	De modo algum / De acordo	Não sei	Sem resposta
O meu trabalho está em sintonia com a minha vida pessoal (não tenho dificuldade em conciliar a minha vida e o meu trabalho). trabalho).								
Não sou stress no trabalho								
O meu ambiente de trabalho é propício à minha segurança e proteção a minha saúde mental.								
Não me sinto intimidado no meu local de trabalho. Não existem comportamentos maliciosos, ofensivos, intimidantes ou insultuosos no meu ambiente de trabalho. de trabalho.								
O meu ambiente de trabalho garante a minha saúde físico.								
O meu trabalho não tem conflito de								

papéis								
O meu foi sempre avaliado e ajustado à minha medida. (ergonomia).								
O meu trabalho garante-me grandes perspectivas promocional								
O meu trabalho é coordenado com o dos outros membros do grupo								
O nosso trabalho conjunto é harmonizado								
As condições do meu trabalho levam-me a empenhar-me no bem-estar dos doentes e a sua família.								
Como parte do meu grupo de trabalho, estou empenhado em dar o meu contributo para o bem do Grupo. paciente								
A confiança mútua reina no nosso Grupo de trabalho								
Posso participar em actividades desportivas no meu local de residência. trabalho								
Tem mais alguma coisa a acrescentar para melhorar ou manter as condições de trabalho? Resposta(s) :								

SECÇÃO II. PERGUNTAS PARA AVALIAR A SATISFAÇÃO DOS PACIENTES.

	Qual é o seu grau de satisfação com o ambiente hospitalar?	Muito satisfeito	Satisfeito	Um pouco satisfeito	Nem satisfeito nem insatisfeito	Um pouco insatisfeito	De modo algum	Não sei	Sem resposta
Receção dos doentes	Acessibilidade de formação sanitário								
	Bem-vindo por prestadores de serviços (administrativo e técnicas).								
	Brochura de boas-vindas claro								
Cuidados com os doentes (médicos e paramédicos).	Clareza de informação e de respostas recebido em perguntas.								
	Partilhar o decisão médico.								
	Apoio a profissionais, escuta atenta e								

	respeito								
	A ajuda dada ao sofrimento aumenta ou urgência.								
	Respeito por privacidade								
	Segredo profissional não revelado								
	Cuidados em casos de dor								
	Apoio aos outros desconforto								
Alojamento e refeições	Conforto do quarto								
	Qualidade e quantidade das refeições.								
A quitação e a sua organização	Explicações recebidas sobre o reinício das actividades, sinais ou complicações que possam levar à necessidade de contactar novo o								
	formação saúde.								
	Informações relativas ao acompanhamento após a alta, a nomeação.								
	O custo dos cuidados de saúde (médicos e de enfermagem) não recai sobre mim ou sobre a minha família. família.								

Há mais alguma coisa que gostaria de acrescentar para melhorar ou manter a qualidade dos cuidados? Resposta(s) :

Printed by Books on Demand GmbH, Norderstedt / Germany